智元微库
OPEN MIND

成 长 也 是 一 种 美 好

人生缓缓
自有答案

赵涵 著

（Caroline涵涵姐）

人民邮电出版社

北京

图书在版编目（ＣＩＰ）数据

人生缓缓 自有答案 / 赵涵著 .-- 北京：人民邮
电出版社 , 2024. 7. -- ISBN 978-7-115-64642-2

Ⅰ .B821-49

中国国家版本馆 CIP 数据核字第 2024 KR 3645 号

◆ 　著　赵　涵
　　责任编辑　刘艳静
　　责任印制　周昇亮

◆人民邮电出版社出版发行　　　　北京市丰台区成寿寺路 11 号

邮编 100164　电子邮件 315@ptpress.com.cn

网址 https://www.ptpress.com.cn

鑫艺佳利(天津)印刷有限公司印刷

◆开本：787×1092　1/32

印张：5.75　　　　　　　　　　　2024 年 7 月第 1 版

字数：120 千字　　　　　　　　　2024 年 10 月天津第 3 次印刷

定　价：49.80 元

读者服务热线：（010）67630125　印装质量热线：（010）81055316

反盗版热线：（010）81055315

广告经营许可证：京东市监广登字 20170147号

You
are
my
hero

书中内容如有雷同，
大家都是英雄，
因为英雄所见略同。

CONTENTS

目 录

03

情感篇

瞬息成金，须臾以涵

EACH MOMENT,
A PRECIOUS
EMBRACE

– 96 –

04

远方篇

路途漫漫，吾心甚安

IN THE JOURNEY
OF LIFE, FINDING
OUR PLACE

– 142 –

01

人生篇

人生缓缓，自有答案

LIFE UNFOLDS
AT A LEISURELY
PACE

不要做个

特别懂事的孩子，

答应我，

一定要先做个

爱自己的孩子。

我三十岁以前

太在意别人的看法；

三十岁以后

变得不太在意别人的看法；

四十岁以后，

才发现

"别人"也许从来就没有看过我。

也许你我都没有

按既定路线生活，

但后来发现，

自定义了自己的人生。

大概只有"频率"相同的人，

才能看到彼此内心深处

不为人知的一隅。

懂你的

言外之意，

知道你的

欲言又止，

理解你的

历经山河，

尊重你的

与众不同。

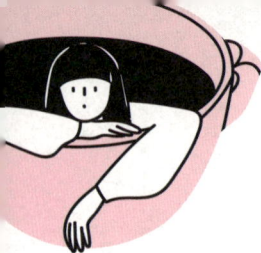

女孩子可以爱家居家，
但不能"窝"家。

时间久了，

你的眼界就只有屋子那么大了，

屋子里的任何"芝麻小事"

都会成为你世界里的

"惊天大事"。

如果小部分人
不喜欢你，
那么你不够虚伪；
如果大部分人
喜欢你，
那么你够真实！

DO
YOU
KNOW ?

能力的提升都是

在一次次赶鸭子上架、

摸着石头过河的过程中，

被逼出来的。

想在拧巴的生活里找个出口，就学会自爱吧，

否则你只能找借口寻求别人的爱了。

如果你喜欢的人身上有与你相同的，

那么你讨厌的人身上也有你没有的。

Attraction

无所不知的人与一无所知的人之间，

似乎有着微妙的吸引力。

难道我没有精致的五官，

就不配有人来了解

我的"三观"吗？

千万别做一个
会为"一点小事儿"
抱怨的人，
否则也许你往后余生
也就只有
做这"一点小事儿"
的能力了。

有人夸你，
你怀疑对方的目的；

有人骂你，
你又丝毫不会质疑；
也许这就是
你不快乐的原因。

不要在我们女人有情绪的时候讲道理，
这一刻，
我们的情绪就是道理。

你让我难受了，
你的对都是错的。
你让我开心了，
你的错都是对的。

只要我知道我爱你，
不用你骗我，
我都可以骗自己。

这就是我们女人
大多数时候的逻辑。

我们在什么都不懂的时候，
其实已经做出了人生中
大部分重要的决定。

因此请谨慎，
不要当你逐渐懂了时，
才发现早已没有了退路。

你想获得宠爱，

无须表现得忙忙叨叨，

并不是"付出才有价值"，

而是你本身要"自带价值"。

女人最好的活法究竟是什么？

是当你决定停止取悦他人时，

你的生命才刚刚开始。

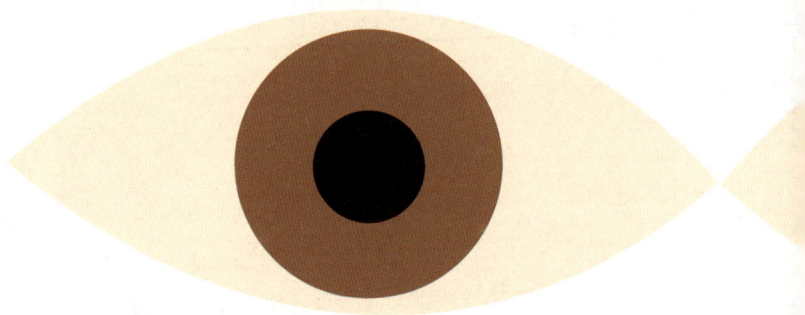

付出感情要有限度，

不是所有人都值得你付出"太好"。

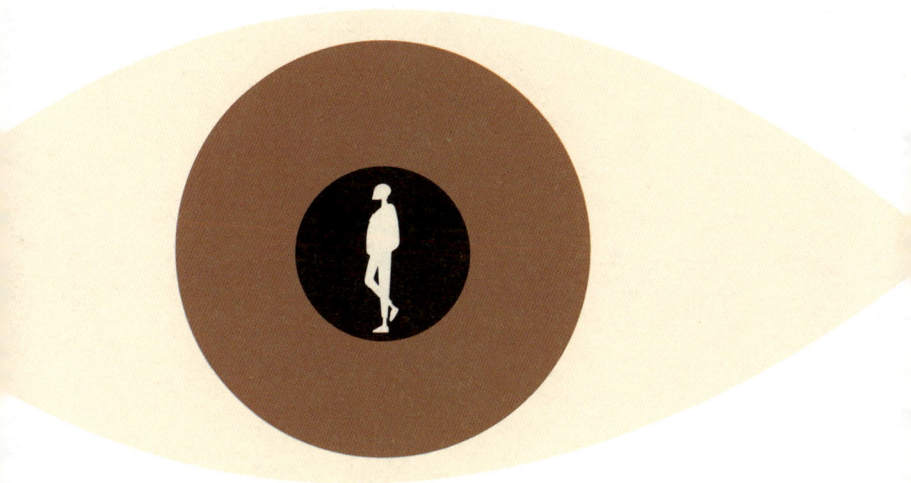

你的一言一行在别人眼里

和在你自己眼里是不一样的。

在你自己眼里，

你可能就是单纯地想要做成某件事；

在别人眼里，

你也许

为了做成某件事

有了攻击他人的预兆。

Calmness heals.

有人说你变了，
别担心，
先和自己说声辛苦了，
然后告诉自己：
"我只是没有按照
他们的方式活着罢了。"

如果你觉得自己越来越冷漠，
觉得连讨好谁的力气都没有了，
但凡让你觉得有点累的关系，
都不想再去维持了，
那么别担心，
你只是成熟了，
没有了逢场作戏的欲望罢了。

陌生人可以变成爱人，

可爱人如果变成了陌生人，

你信吗……

会比生人还生分。

他们说，

情人之间

最可怕的不是冷漠，

也不是歇斯底里，

而是对方恰到好处的见外。

不妨问问自己，你现在的每个决定

是不是由你亲自完成的。

小到"这件衣服好不好看""这顿饭要约谁吃"，

大到"什么时候开始恋爱、结婚、生孩子"。

年轻的时候觉得简历不够丰盈，

后来简历丰盈了，

病例也"丰盈"了。

如果有的人对你的态度不够好，

那么原因或许是你没有他们需要的社会地位

和价值，并不是你不够可爱。

外界的声音无须被干扰，

你懂自己的那颗心，

才需要被参考。

年轻的时候总是
希望自己受欢迎，
以为只要讨好迎合，
任何关系都可以缓和。
后来明白了，
你受欢迎的程度取决于
你为他人解决问题的能力，
试图讨好迎合，
你得到的只会是"无足轻重"。

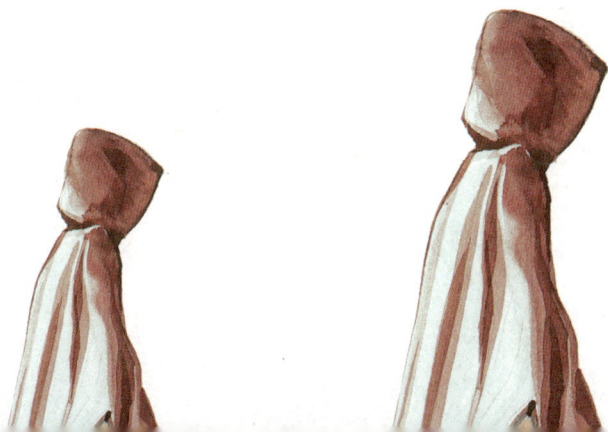

Forgiveness heals.

没有意外的话，

每个人都能在自己身上找到

"当初自己讨厌的人"的影子。

写出你的
人生答案 | **Time:**   年 | 月 | 日 |

54

02

成长篇

时光轻拂，如花雅绽

LIKE A ROSE

SLOWLY BLOOMING

IN GRACE

你的人生清单里
不能只有爱情，
还要包括事业、友情、
亲情、爱好。
否则，一旦爱情出现了状况，
你的人生框架
会因某一部分
暂时的缺失而
变得不正常。

你的人生排序是怎样的？

_____

_____

_____

_____

_____

_____

世上有多少我爱你，
最后变成了对不起；
有多少对不起，
最后都是没关系；
有多少没关系，
最后变成了谢谢你 。

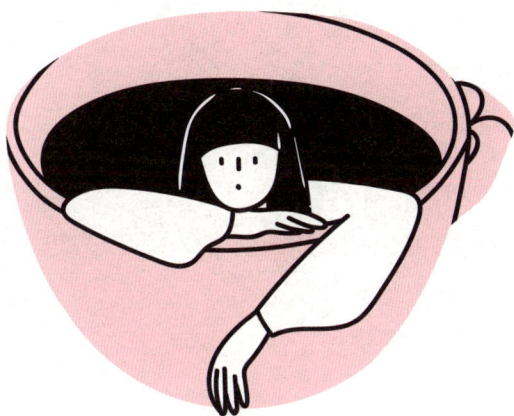

背着昨天的自己，
跑着追今天的自己，
你一定累坏了吧？

每次当你犹豫不决的时候，
你要问问自己，
见过哪朵花还需要犹豫
在什么时间盛开？

一直放不下一个人的原因，
也许不是他有多好，
而是恰巧在你情窦初开的时候，
他进入了你的世界；
是在你还来不及分清
爱与喜欢时，
你爱上了他给你的这种感觉。

而这种感觉，
让你找了很多很多年。

等我买得起当初买不起的

几十元的巧克力的时候，

我发现已经不再天天想吃了；

当我可以随便玩游戏的时候，

我已经懒得打开电脑了；

当我变得足够优秀而

让你再也不想离开我的时候，

我已经不再非你不可了。

Healing begins with hope.

每个人都在
与世界进行价值交换，
用你有的，换你要的。
是不是觉得公平一些了？

在决定离开的"那一刻"之前，
他一定是在某些瞬间觉得，没有你，
他会生活得更好。
"那一刻"不值得原谅。

当你觉得有人
在不断给你"穿小鞋"的时候，
首先，你一定是个漂亮的女人；
其次，你一定是个有能力
且漂亮的女人；
最后，悄悄告诉你，
你的漂亮就已经冒犯到别人了。

尤其是在内心丑陋的人面前。
对他们而言，
没有什么比撕碎
美好的人和事物
更让他们过瘾的了。

有了好事，别着急炫耀，
先数一二三，咽回去；
有了坏事，也别找人抱怨，
再数一二三四五，
调整呼吸吐出去。

因为你的好事
在别人看来就是坏事，
只会激发别人的嫉妒心，
没有人希望你比他好。
而你的坏事在别人看来
只会是茶余饭后的
笑话和谈资。

别老抱怨自己没碰到对的人，

你连自己站起来的方式都没建立好，

你指望谁能把你拉起来？

没有爽快地答应就是拒绝，
人家都给咱留面子了，
咱也得自己动脑子。

生活中没有容易的时刻，如果你
此时觉得不难，一定是有人替你
承担了本属于你的那份不容易，
要么是你的父母，要么是未来的
那个你自己。

当你想评价一个人时，
请记得：
不是所有的人都有
你拥有的那些优越条件。

婚姻要过下去，
就别和自己过不去。

你有了新故事，
才会放下对
旧故事的念念不忘。

人都喜欢挑软柿子捏，
你越有底线，越有分寸感，
别人就会越敬畏你。

如果一个人影响了你的情绪，

那么你的焦点应该放到调节自己的情绪上，

而不是影响你的那个人身上。

谈恋爱别谈成
"田螺姑娘",
别起床就干活,
干完活,
伺候完对方
就只能回壳。

后来我发现，
原来你我之间保持的客气
不再像当初一样，
是用来表达礼貌和修养的，
而是用来制造距离的。

Smile, heal.

别去斥责一个常年
省吃俭用的女人，
她一辈子都在为钱发愁，
从来没有舒展过。
她之所以口是心非，
还不都是因为
被你和生活亏待得太多？

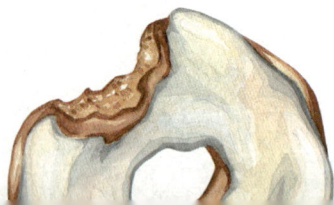

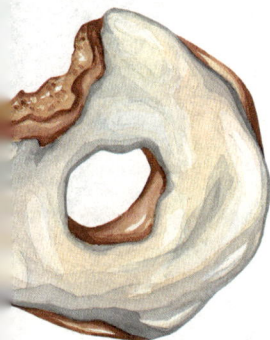

你如果觉得现在很难，

那我悄悄告诉你，

每个成年人，

都在吃着不为人知的苦，

受着不为人知的罪，

忍着不为人知的痛，

只是恰巧你现在知道了而已。

失望多起来的时候，

我发现连生气都很平静了。

我们不能接受的失败，

其实是我们不能接受

"应该做好却没做好"的自己。

男人有时候不说话，
也许是在焦虑自己的一事无成，
给不了父母妻儿想要的生活。

婚姻现实原则：
经济条件不到位，婚后你再爱他，
你看到他的一切也都是缺点；
有势均力敌的物质基础，
再多的缺点也能包容。

写出你的
人生计划 | Time:　　　年 |　　月 |　　日 |

03

情感篇

瞬息成金，须臾以涵

EACH MOMENT,
A PRECIOUS
EMBRACE

爱不是寻找一个完美的人，
而是学会用完美的眼光
欣赏那个不完美的人。
你怎么爱自己，
就是在教对方如何爱你。

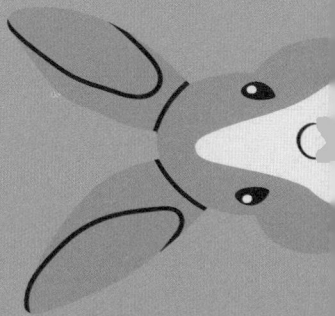

要在婚前把合适的人

从人群里选出来，

而不是在婚后

把不合适的人

教育好、培养好。

婚姻誓言不是合同，

一旦没有你侬我侬，

谁也不能保证一路长红。

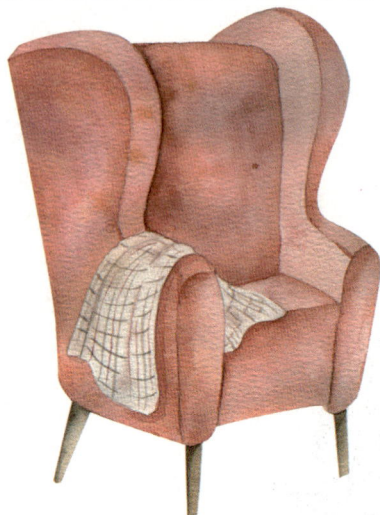

在准备走进一段婚姻关系时，

你不妨问问自己，

你相信自己和这个人能够

一直到老都聊得来吗？

在婚姻中相处的大部分时间里

都在交谈呀。

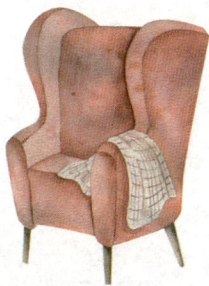

大部分伴侣，
好的一面只留给了外人，
不好的一面留给了
自己人。

面带微笑不一定是礼貌，
有时候也是"暴风骤雨"
来临前的警告。

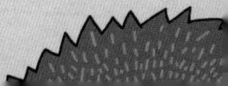

现代人抱怨"房、车、钱"
弄脏了我们的爱情，
上一辈斥责是这个时代
让"房、车、钱"弄脏了
我们的爱情。
这三样东西
却如此无辜。
不是吗？

记住了，

婚外情既不是婚姻，

又不是恋爱，

你拿着婚姻和恋爱的标准去要求这个人，

就是自讨苦吃，

确切地说，你选择开始这段关系，

就是在自讨苦吃。

别信那句"我养你"，
不知道从哪次争吵起就会变成
"我养的你"。

男人不要招惹已婚女性，
那是另一位
男士的颜面。

女人不要去撩拨已婚男性，
那是另一位
女士的往后余生。

Forgiveness heals.

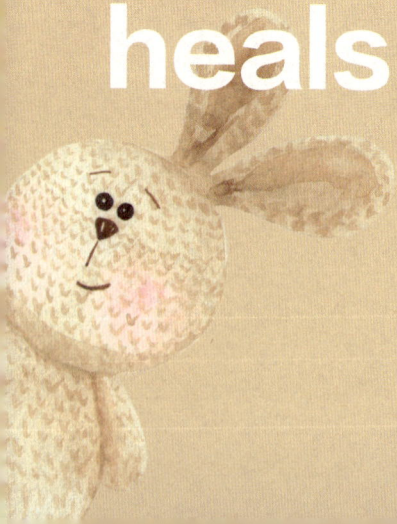

婚前小鸟依人，
婚后咄咄逼人。
小鸟依人的前提是
有人可依，
咄咄逼人的原因是
唠叨了半天没人应。

暖昧，

就像新品的免费试吃；

能给你的，

也能给别人。

有多少人在亲密关系里

碍于面子，

你不说，我也不说，

恋爱谈着谈着就黄了；

为了形象，

该说的不好意思说，

关系处着处着就凉了。

Love cures.

见过把择偶标准列成购物清单的，

很想偷偷地说一句：

"咱先看看自己何德何能行吗？"

Calmness heals.

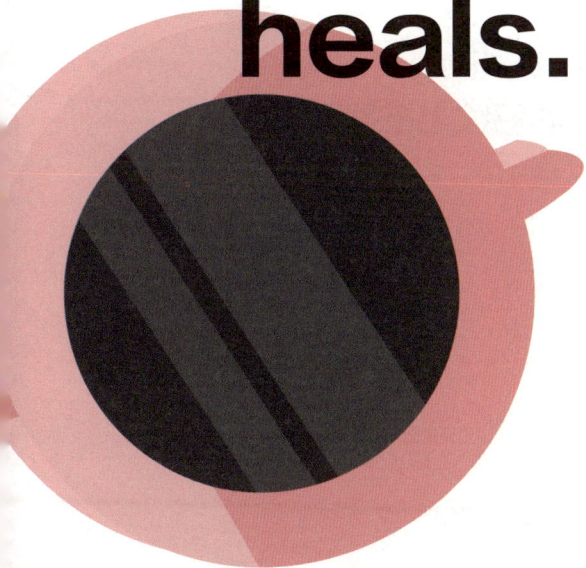

如果一场恋爱
让你不止一次觉得委屈，
那么别怀疑，
他已经不止一次试探你，
并且无数次在你的底线上摩擦了。

曾经的那句嘘寒问暖的
"你怎么了"，
多久后变成了
"你又怎么了"？

爱而不得的时候，

再爱就不礼貌了。

恋爱中的女人最强大的自律，

是不让自己想得太多。

Love cures.

从来没有莫名其妙的爱，
也没有无缘无故的恨，
突如其来的脾气，
往往是积攒太久的委屈。

真的失望，

没有怒骂也没有号啕大哭，

更不会生闷气、发脾气，

而是真的不想再说话了，

是你做什么我都觉得

和我再也没有任何关系了。

Forgiveness heals.

爱是一件需要不断练习的事情。

你选择理解还是接纳？

有多少人因为"误解"而结合，

因为"了解"而分开。

终于明白

谈恋爱为什么是体力活了，

因为 ——

太近了怕腻，

太远了怕淡，

太迎合怕厌，

太疏远怕散。

你有没有一瞬间，

在大街上看到一个熟悉的背影，

心乱了节拍，脚错了步伐，

快走了几步，

发现原来是个陌生人；

后来一整天全在回忆，

曾经那个"熟悉的陌生人"。

在我们四目相对的那一瞬间，

我突然就避开了你的视线，

而在你走后，

我却在你背后，

看了你许久。

（ 喜欢是放肆，而爱是克制。）

Trust

heals

Hope
heals all.

你需要
一见钟情很多人，
两情相悦一些人，
然后才能
白头到老一个人。

"真正的爱"的味道和香水一样有点复杂，

内啡肽消失后，

就不能光靠单纯的给予来调香了。

你还要加上

前调——

适当的拒绝、及时的赞美，

中调——

得体的批评、恰当的争论、必要的鼓励，

后调——

温柔的安慰和有效的敦促。

Light heals the soul.

我们能看透一个人，
不是因为
我们对他有多了解，
而是因为在他的身上
我们看到了曾经的自己。

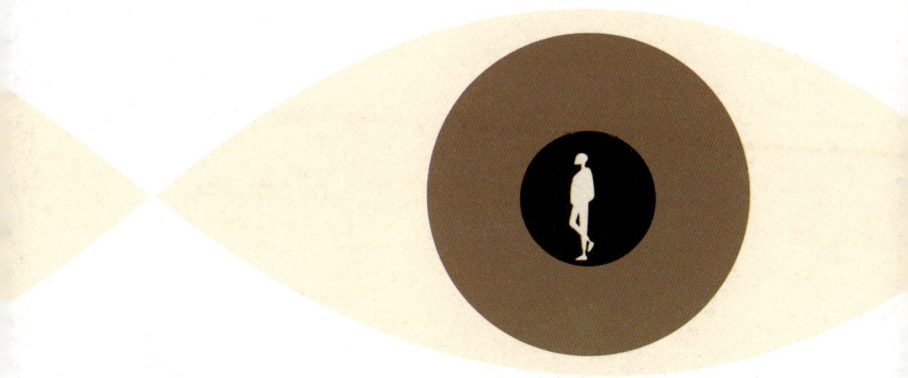

你是否也曾遇到一个人，

他让你期待明天，

却没有出现在你的明天里，

后来他变成了

你的"意难平"？

世界上最遗憾的感情，
不是"我爱你"却没有结果，
而是"我本可以……"

**写出你的
情感密语** | Time:　　　　年 |　　月 |　　日 |

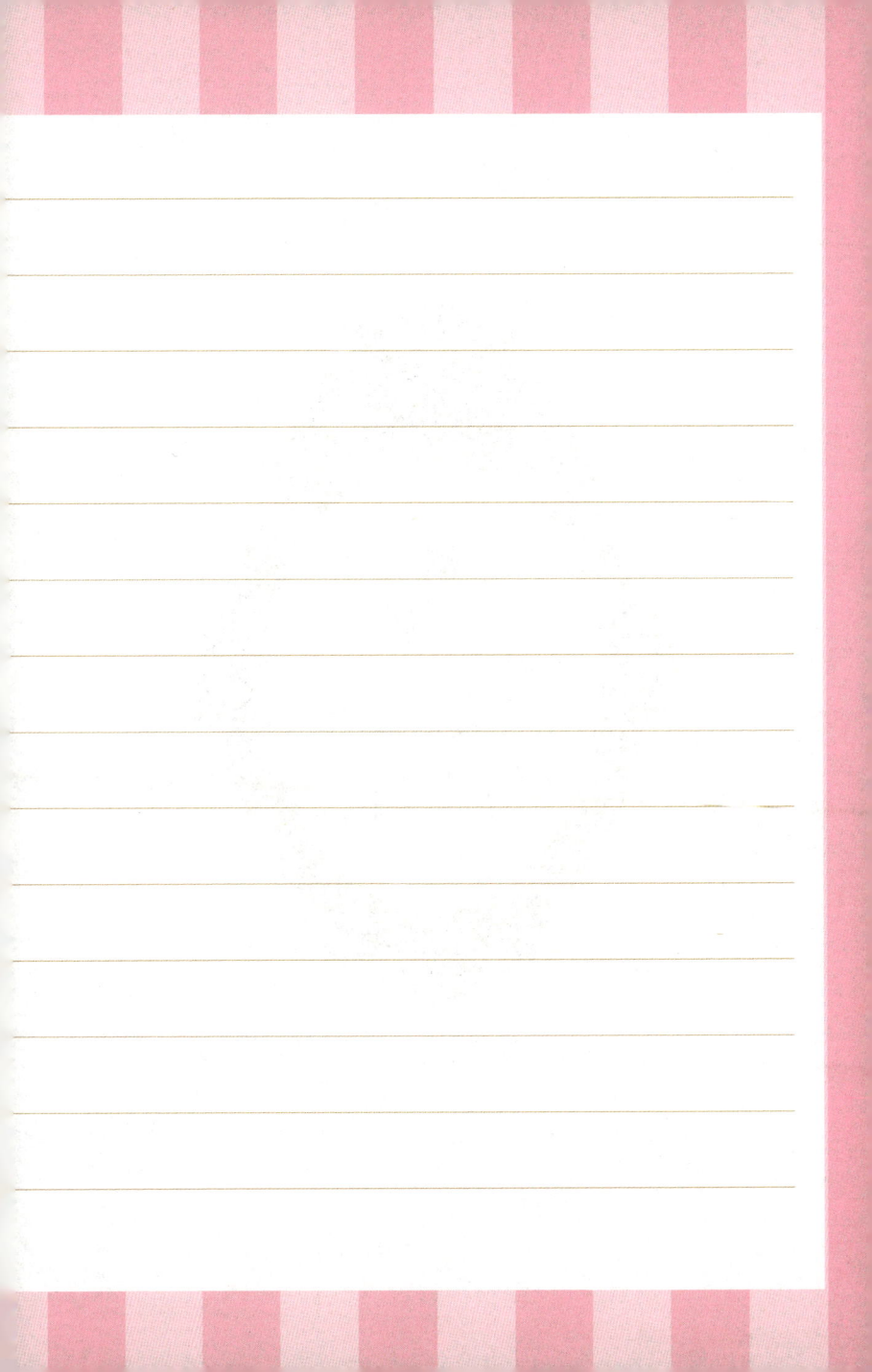

04

远方篇

路途漫漫，吾心甚安

IN THE JOURNEY
OF LIFE, FINDING
OUR PLACE

当我们越能活出

自尊、自信、自爱时，

我们就越懂得

如何更成熟地处理

与他人的关系。

在关系中完善自己，

从而走向

更果敢、英勇的独行之路。

二十多岁的时候，
千万不要花精力和时间
去纠结谁爱不爱你．
你都未必知道
如何爱自己吧？

Healing begins with hope.

你可以多尝试
不同的工作类型，
多读书、多旅游，
哪怕有些学费打了水漂，
有些道理是在哭声中懂得的。
只有这样，
三十岁以后，
你才能从容不迫地遇到那个
因为你的自爱
而爱你的人。

有人说你城府深，

笑一笑，不用多说，

你自己知道，

城府深是为了不被伤害，

而 " 三观 " 正是为了不伤害别人。

**Kindness
heals.**

你必须学会：

在痛苦时尽量地吃好喝好睡好。

这不是让你活得没心没肺，

而是因为痛苦不会自己消失，

它会长久顽固地一直在那里。

所以你必须保持精力，

去和痛苦拼个你死我活。

别着急，
我们都曾是当年那个
连出远门都会紧张的女孩，
也终会变成现在淡然自若地
穿梭在各个陌生城市间的女子。

Hope
heals
all.

时常撒点娇，
适当服些软，
偶尔装点傻，
永远要清醒。

Healing begins with hope.

Light
heals
the soul.

对于好的东西，
只有敢想、敢要，
只有相信自己配得上，
你才会体会到
"配得感"的重要。

所有的终点都会是新的起点，
只是那时的我们不懂，
忙着抱怨和委屈。

我们之所以总觉得很痛苦，

无非因为自己和自己的三种拧巴：

清醒了很痛苦，

和糊涂了也很痛苦之间的拧巴；

想奋斗却无从下手，

和想躺平却不安心之间的拧巴；

有事干就很焦虑，

和没事干就陷入忧虑之间的拧巴 。

我们还有许多弯路要走，
还会失望于很多的满足
与不满足。
一切都要
等日后才能显示出
它的意义，不是吗？

情绪不稳定的本质
就是后悔和恐惧。
把用来后悔的时间
全部用来解决问题，
把用来恐惧的感觉
全部用来接纳
一切不安的情绪，
未来也许就没有那么可怕了。

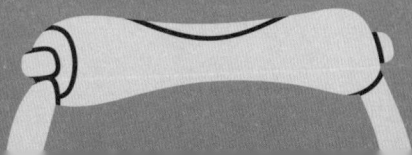

Calmness
heals.

现在就是最好的时刻。
春光无须早，冬霜岂会迟。
往昔皆已逝，来日皆可期。
山高水且长，何忧不得之。
天顺地亦从，一切正当时。

Hope heals all.

年轻时
容易心碎，
老年时
容易嘴碎。

你跋山涉水去见的人，
也许不会记得你；
他只会记得，
自己想跋山涉水去见的人。
有些人只适合遥远地思念，
为了自己，
各自安好吧！

Trust heals.

希望你往后余生，
在乎的不再是
跨年的陪伴，
而是跨了那么多年，
那个人还在。

从没留意春秋不见，
更没曾想冬夏会别；
曾誓永不分离的人，
有天也竟会变成：
一春一秋、一冬一夏，
此生咫尺天涯。

Love

cures.

写出你的
远方与诗 | Time: 年 | 月 | 日 |

后　记

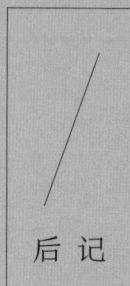

我什么时候可以疗愈好原生家庭的伤？

我什么时候可以摆脱内耗？

我什么时候可以变得有钱？

我什么时候可以遇到爱自己的人？

何时到来？

这是我们每个人都在问自己的问题，仿佛有了确定的时间，一年、五年、十年……我们就对自己和未来有了希望。

在寻找"何时到来"的答案时，我也总是被一些
东西绊倒，又说不清那些障碍是什么。到了不惑
之年，我才隐约感到，与其问"何时到来"，不
如说是"心结难开"。

20世纪最伟大的心理学家之一，卡尔·古斯塔
夫·荣格曾说："当你无法识别你的潜意识的
时候，你的潜意识就是你的命运。"

我们的"心结"绑在自己的潜意识里。我们之所以解不开自己的心结，是因为我们没有让自己看见潜意识，也没有让潜意识得到过满足，于是这个结越系越紧。只要有一点点外部的刺激，"过去的经历"就会被唤起，唤起我们的伤痛悲哀和自卑。于是，我们向自己"内求"无果时，就用"外求"的方式询问自己何时才能改变现状。与其问何时，不如避免"我执"。这本书也是在用生活中的点滴片段、只言片语，劝各位一起放下"我执"。

我希望各位在读完这本小书的时候，拿起一支笔记录一下你喜欢的一句话、一个词。然后问问自己你为什么喜欢它，它为什么打动了你。因为这一刻，你才真正开始关注自己，关注这一刻你的感受；而不是在回忆别人说的话，不是在反复揣测别人话里的意思。"事来心应，事去心止"其实就是把心结打开。人生缓缓，自有答案，愿你能"在失衡中寻找平衡，在挑战中找到成长，在舍弃中迎接新生"。

心得 | Time: 　　　年|　　　月|　　　日|

休息下吧